TABLEAU

DE LA SYPHYLIS,

DITE

MALADIE VÉNÉRIENNE.

TABLEAU

DE LA SYPHYLIS,

DITE

MALADIE VÉNÉRIENNE,

CONTENANT

Les moyens de se préserver des suites fâcheuses
de cette terrible maladie.

Par F. DELARUE,

DOCTEUR EN MÉDECINE, etc.

DEUXIÈME ÉDITION.

Prix 1 fr.

A PARIS,

CHEZ L'AUTEUR, rue Vivienne, n° 17.

1823.

PRÉFACE.

Nous avons beaucoup d'ouvrages sur les maladies vénériennes; mais tous, plus ou moins diffus, et plus ou moins scientifiques, ne sauraient éclairer la société en général sur les moyens à employer pour se préserver des progrès d'une maladie qui, lorsqu'elle est ancienne et invétérée, fait si souvent le désespoir du médecin instruit qui ne peut déjà plus garantir les jours du malade, voué par sa faute à une mort certaine, précédée des tourmens les plus affreux, et presque toujours d'un aspect aussi dégoûtant pour lui que pour ceux qui l'environnent. Mais lorsqu'un médecin philantrope réfléchit sur une maladie si communément répandue dans la société, lorsqu'il voit qu'une foule d'ignorans empiriques, se disent experts dans son traitement, et qu'ils vendent chèrement des remèdes secrets, toujours incertains dans leurs effets et souvent nuisibles ; lorsqu'il a la conviction que le charlatanisme se joue publiquement, sur ce point comme sur bien d'autres, de la santé des hommes, ne doit-il pas chercher à dévoiler de pareils abus ? ne doit-il pas faire tous ses efforts pour les faire cesser, puisqu'il pense en avoir les moyens ? doit-il refuser d'écrire pour le commun des hommes, et de se rendre intelligible pour eux, surtout lorsqu'il doit les éclairer sur leurs plus chers intérêts, sur leur santé ?

L'immortel Tissot, dont les ouvrages sont répandus, alors dans les mains de tout le monde, n'a pas dédaigné d'écrire pour le peuple, et c'est par ce moyen que son nom a volé à la postérité après avoir rempli une si noble tâche envers l'humanité. Bel exemple à imiter, mais qui ne le sera jamais assez !

Dans cette seconde édition que j'ai corrigée avec soin, en prenant la tâche de mettre sous les yeux du lecteur le tableau de la maladie vénérienne ou de la syphilis, je désire que celui qui aura bien voulu se donner la peine de me lire puisse connaître aussi facilement les différentes périodes ou complications de cette maladie, que le médecin lui-même, qui en a fait

une étude particulière, et
par là le mettre en garde
contre son insouciance et
contre les embûches du
charlatanisme. J'espère en
outre le voir dans la possibilité de se soigner lui-même
dès les premières apparitions
du mal, toujours très-sûre-
ment et avec facilité. Mais
avant de parler de la maladie
vénérienne, je donnerai une
description anatomique suc-
cincte des organes externes,
de la génération, dans l'un

et l'autre sexe, afin que mes lecteurs soient plus à même de juger de l'état de leur santé.

TABLEAU

DE LA SYPHYLIS,

DITE

MALADIE VÉNÉRIENNE.

Des parties génitales extérieures de l'homme.

Les organes extérieurs de *la génération*, chez l'homme, sont composés de deux parties bien distinctes, la première est appelée la verge ou le membre viril ; la seconde est appelée les bourses ou testicules.

2

La première partie, ou la verge, est aussi composée de deux parties, dont l'une est appelée le corps, et l'autre la tête ou le gland.

L'extrémité de la verge, ou le gland, a cela de particulier qu'il est ordinairement recouvert par un prolongement de la peau, que l'on appelle prépuce. C'est l'ablation de cette membrane qui constitue la circoncision chez les Israélites : de là la raison que les Juifs n'ont point de prépuce.

L'ouverture par laquelle passe l'urine s'appelle fosse naviculaire. On

nomme frein de la verge cette partie
du prépuce qui forme un pli au-
dessous de la fosse naviculaire lorsque le gland est découvert ; ce pli
se trouve plus ou moins rapproché
de l'ouverture urinaire , et peut
quelquefois donner lieu à des accidens qui ne sont pas vénériens, dont
nous aurons occasion de parler dans
la suite. On nomme couronne cette
partie bien distincte par un enfoncement qui existe entre le corps de
la verge et la racine du gland.

La seconde partie, les testicules
ou les bourses, sont formées par
une peau très-extensible dans laquelle se trouve contenue de chaque

côté une tumeur du volume d'un œuf de pigeon, dans l'état de santé ordinaire, et plus ou moins sensibles au toucher.

On appelle cordon spermatique *le lien qui suspend les testicules* dans les bourses. Dans l'état ordinaire de santé, on peut le comprimer assez facilement sans presque éprouver de douleur ; ce qui n'est pas de même pour le testicule, dont le moindre froissement occasionne une sensation si pénible, qu'elle semble anéantir les forces à l'instant même.

Des Parties génitales externes de la Femme.

Les parties génitales externes de la femme, que l'on aperçoit aisément, sans le secours de la dissection et par une simple exploration, sont le pénil, la vulve ou le *pudendum*, les grandes lèvres, la fourchette, la fosse naviculaire, le clitoris, les nymphes ou petites lèvres, le méat urinaire, l'orifice du vagin, et les caroncules myrtiformes.

Le pénil, ou mont de Vénus, est une éminence large qui se voit au pubis, entre les aines, et qui est couverte de poils dans l'âge de la puberté.

L'ouverture longitudinale qui se voit au-dessous, et qui s'étend jusqu'à peu de distance de l'anus, est appelée *vulve* ou *pudendum*.

Les deux replis de la peau qui s'étend de chaque côté de cette ouverture, se nomment les grandes lèvres. Elles sont aussi recouvertes de poils sur la surface extérieure, à l'époque de la puberté.

L'endroit où les deux grandes lèvres se réunissent dans leur partie inférieure, proche de l'anus, s'appelle la fourchette. Derrière elles se trouve l'enfoncement qui est connu sous le nom de fosse naviculaire.

Le clitoris occupe la partie supérieure du *pudendum*. Il se présente sous la forme d'un bouton, de couleur rougeâtre, peu élevé, et à-peu-près figuré comme le gland qui termine la verge chez l'homme, et il n'en diffère que par son peu de grosseur, et parce qu'il n'est pas percé à son sommet.

La partie du clitoris qui est la plus apparente dans l'ouverture du *pudendum* , est entourée d'un repli membraneux qui lui forme une espèce de prépuce qui donne naissance aux nymphes ou petites lèvres, qui , figurées comme des crêtes de coq, descendent en s'écartant l'une de l'autre , jusqu'au milieu de la hauteur de l'orifice du vagin. Elles sont lisses et d'une couleur plus ou moins rose dans l'état de santé.

Le méat urinaire est situé entre les petites lèvres , un peu au-dessous du clitoris et très-près de l'ouverture du vagin : c'est une ouverture irrégulièrement arrondie, entourée d'un bourrelet plus ou moins saillant, sur lequel on remarque de petits trous : il est perforé dans son milieu , qui est l'ouverture du canal de l'u-rêtre de la femme, et dont l'étendue n'excède pas un pouce à un pouce et demi de long.

L'orifice du vagin est placé au-dessous du méat urinaire ; son état et ses dimensions varient suivant les différentes circonstances. Chez les jeunes filles qui n'ont point souffert de violence en cette partie, ou qui n'ont point exercé l'acte vénérien, il est étroit et comme bouché par une membrane dont la forme très-différente se rencontre cependant chez presque tous les sujets.

Chez les femmes mariées, et surtout chez celles qui ont eu des enfans, on trouve, à la place de cette production que l'on appelle l'hymen, des tubercules épais, rougeâtres et obtus à leur extrémité, leur figure se rapproche assez de celle d'unefeuille de myrte, ce qui est cause du nom de caroncules myrtiformes qu'on leur a donné; elles sont ordinairement au nombre de trois à cinq, et quoique leur épaisseur soit assez considérable, on les regarde comme les restes de l'hymen. Il faut surtout bien se garder de les confondre avec des excroissances vénériennes dont ces parties sont quelquefois le siége.

De la Syphilis, ou maladie véné-
rienne.

Le raisonnement et l'étalage de l'é-
rudition sont ici superflus pour dé-
montrer, ce qui est su de tout le monde, que la maladie vénérienne est un
des fléaux les plus pernicieux à l'espèce
humaine, puisqu'elle l'attaque dans
sa création. Et sans nous arrêter aux
malaises sans nombre que souvent elle
complique et que plus souvent encore
elle rend incurables, fixons d'abord
notre attention sur l'origine de cette
maladie, puisque c'est à son origine
qu'elle cède presque toujours aux

moyens que l'expérience a démontré infaillibles pour la guérir; et si
nos lecteurs peuvent bien se pénétrer
de cette grande vérité, j'ose espérer
qu'ils trouveront dans mon ouvrage
les moyens de se soigner eux-mêmes
de cette terrible maladie, lorsqu'elle
ne fait que commencer ; je n'ai pas
besoin de leur prouver qu'ils y sont
fortement intéressés sous tous les rap-
ports.

Lorsque la syphilis est ancienne,
ou qu'elle se trouve compliquée avec
quelques symptômes un peu graves
et qui demandent des connaissances
plus étendues pour la guérir, c'est

alors que les moyens curatifs doivent être modifiés par le médecin selon l'ancienneté de la maladie, l'âge et le sexe de la personne qui en est affectée, et enfin selon la gravité des accidens survenus. Par là le malade ne sera jamais trompé dans son espérance ; sa guérison sera toujours sûre, par cela même qu'il aura été dirigé par un homme habile dont la réputation de probité ne saurait déroger à son honorable caractère ; et pour ne rien dire de plus, sa guérison sera complète, et elle le sera toujours avec la moitié moins de frais que s'il se fût mis entre les mains de ces charlatans, qui l'auraient traité sans le guérir.

Examinons d'abord les accidens syphilitiques dont la guérison peut être à la portée de tout le monde, nous verrons ensuite quels sont les moyens curatifs propres à les combattre.

Tous les médecins reconnaissent aujourd'hui que la plus petite portion de virus syphilitique suffit pour répandre dans tout le corps l'infection, et qu'elle se complique souvent des plus grands accidens. Mais lorsque le virus a été appliqué sur le corps humain il lui faut un certain intervalle de temps pour produire ce phénomème morbide qui constitue la syphilis. Et comme il existe des maladies des organes de la généra-tion, qui simulent les symptômes syphilitiques sans cependant être le résultat de cette maladie, je m'ap-pliquerai particulièrement à les bien faire connaître, afin d'éviter l'erreur que l'on pourrait commettre en pa-reille circonstance.

De la Blénoragie en général.

La blénoragie étant la plus com-mune des maladies vénériennes, doit naturellement aussi nous occuper la première.

Tout virus, ou corps irritant ap-

pliqué sur l'urêtre de l'homme y
produira nécessairement, selon les
lois constantes de l'économie ani-
male, une irritation suivie d'inflammation, et par conséquent une sécrétion plus abondante de mucus. Pour
me servir d'un langage plus familier
à mes lecteurs, un écoulement. C'est
par les mêmes raisons qu'un grain de
sable ou tout autre corps étranger
tombé dans l'œil, y produira le lar-
moiement, ou ce qui est la même
chose une sécrétion plus abondante
de larmes, ou même un écoulement
de larmes. De même encore, un virus
ou une matière âcre quelconque ap-
pliquée sur cet organe, y détermi-

nera les mêmes phénomènes que sur le canal de l'urètre. Aussi est-il bien démontré qu'il peut exister des écoulemens vénériens par les yeux.

Il est donc facile de concevoir, par ce que je viens de dire, qu'il peut y avoir différentes espèces d'écoulement ; que les uns, produits par le virus vénérien, réclament des moyens conformes à la nature de ce mal, tandis que d'autres, produits par des causes toutes différentes, doivent céder à un traitement particulier. Il ne me sera pas difficile de convaincre le lecteur de cette vérité importante, et de le mettre à même d'employer avec toute sûreté les remèdes qui conviennent dans l'un et l'autre cas. C'est ce que je vais faire dans les chapîtres suivans.

De la Blénoragie vénérienne chez l'homme.

Par Blénoragie vénérienne, on doit entendre un écoulement d'une matière puriforme, par le canal de l'urètre, ou par l'ouverture du prépuce lorsque celui-ci dépasse la fosse naviculaire chez l'homme, accompagné de cuisson, de douleur piquante et brûlante pendant le passage de l'urine ; souvent même la personne affectée éprouve fréquemment le besoin d'uriner, ce qui augmente encore les douleurs. L'écoulement puriforme est contagieux. Voici du reste quelle est la marche de cette maladie.

Deux, trois, cinq, six, huit jours, rarement plus tard, après un contact vénérien, surviennent les symptômes suivans : le malade éprouve au bout de la verge, et particulièrement vers le frein du prépuce, une sensation particulière et désagréable, quelquefois une légère démangeaison qui dure un ou deux jours, le plus souvent sans suintement ; les jours suivans la fosse naviculaire et l'extrémité du frein deviennent rouges, se gonflent, et il sort de l'ouverture de l'urètre une matière limpide d'un jaune clair et tachant le linge. Pendant la durée de cette espèce d'écoulement, le passage de l'urine devient de plus en plus pénible et douloureux, et laisse après lui une impression brûlante et aiguë sur l'endroit affecté. Quelques individus cependant n'éprouvent pas ces premiers symptômes qui se trouvent remplacés par un écoulement d'une matière muqueuse épaisse, et dès-lors ces malades sentent dès le commencement une cuisson brûlante et douloureuse en urinant. Presque toujours ces symptômes augmentent en peu de temps; d'autres fois, mais bien rarement, ils ne s'accroissent que du dixième au douzième jour, le gland alors prend une couleur rouge foncée et livide, et l'écoulement ne tarde pas à devenir plus abondant, la matière est d'une couleur jaune, même jaune-verdâtre qui tache fortement le linge; quelquefois le gland et toute la verge se gonflent avec douleur, les envies d'uriner se font souvent sentir, des érections fréquentes, involontaires, surtout pendant la nuit, lorsque le malade reste couché sur le dos, troublent son sommeil et le forcent souvent de se lever pour apaiser les douleurs qu'elles lui font éprouver.

Tel est le cours le plus ordinaire d'un écoulement vénérien, lorsque l'inflammation est bénigne et superficielle; mais comme l'expérience confirme que plutôt on applique les moyens convenables, plutôt le malade est guéri, moins il souffre et plus certainement il évite les accidens funestes que l'on voit si souvent être la suite de cette maladie; dès les premiers symptômes de la blénoragie, le malade s'abstiendra de liqueurs, café, etc., etc., ne mangera ni de ragoûts, ni de salades, il observera particulièrement un régime végétal, et pourra manger sans crainte des légumes en herbes, tels qu'épinards, oseille, etc.; il ne mangera que des viandes bouillies ou rôties; s'il est d'un tempérament fort et robuste, il ne boira que de l'eau pure dans ses repas pendant les vingt-cinq à trente premiers jours : si au contraire il est d'un tempérament faible et cacochyme, il devra boire de l'eau rougie et même un peu de vin pur sur la fin de son traitement. Le malade évitera les fatigues corporelles et surtout l'exercice du cheval; si cependant il y était obligé d'une manière indispensable, il faudrait que, de toute nécessité, il prît un suspensoire qui, dans tous les cas est toujours une sage précaution pour éviter les accidens qui pourraient survenir, et l'on fera toujours bien d'en avoir un dès le commencement de l'écoulement. Outre qu'il est facile d'en confectionner un soi-même, on en trouvera toujours chez les marchands bandagistes. Comme il est très-nécessaire de préserver la verge des impressions du froid, je conseille au malade de faire un petit sachet en linge, à-peu-près de la longueur de la verge, dans lequel on mettra de la charpie que l'on aura soin de renouveler assez souvent pour que la matière de l'écoulement dont elle sera imbibée, n'engendre pas la mal-propreté. Deux petits cordons à la base du sachet serviront à le fixer à la ceinture du suspensoire. Si l'on veut, on pourra le perforer à sa pointe pour pouvoir unirer ou changer la charpie mouillée, sans rien déranger à l'appareil.

Une fois ces précautions prises, le malade boira abondamment de la tisane suivante :

Réglisse, deux gros.

Chiendent, une botte.

Orge mondée, une cuillerée.

Faire bouillir le tout dans une

4

pinte et demie d'eau pendant un quart-d'heure, et boire la totalité pendant la journée.

Il pourra aussi boire avec le même succès des laits d'amandes, du syrop d'orgeat étendu d'eau. La décoction de semence de chenevis dont on a enlevé l'écorce, et que l'on fait bouillir, à la dose de deux cuillerées à bouche dans une pinte d'eau pendant huit à dix minutes, est une tisane que j'ai toujours employée avec le plus grand avantage.

Pour calmer les douleurs de la verge pendant l'émission de l'urine, le malade fera très-bien de prendre soir et matin et même une ou deux fois pendant la journée, pendant tout le temps de la période douloureuse, des bains de guimauve ou simplement d'eau tiède dans laquelle il baignera sa verge pendant une dixaine de minutes à chaque fois avec la précaution de bien l'essuyer après, afin d'éviter le réfroidissement qui ne manquerait pas de survenir.

De jour à autre, le malade prendra le soir, en se couchant, deux pilules de Beloste afin d'entretenir la liberté du ventre.

Deux gros au plus de ces pilules doivent lui suffire pour tout le temps que devra durer le traitement. Si le malade ne fait aucune imprudence et s'il suit exactement ce que je viens de prescrire, cinq à six semaines doivent suffire pour combattre entièrement la période inflammatoire. Mais alors il se purgera en prenant le soir, en se couchant, deux pilules de Beloste et trois le matin en se levant avec la précaution de boire un verre de tisane par-dessus, et ne déjeûner que deux heures après.

Le malade s'apercevra qu'il est proche de sa guérison, lorsque son

écoulement moins abondant , sera
blanc et filant sous les doigts, et que
les taches du linge cesseront d'être
jaunes et deviendront presque blanches. Dès-lors, sans commettre d'é-
cart dans son régime, il pourra boire
du vin avec de l'eau, ou même médio-
crement de vin pur, s'il est d'un faible tempérament. Il pourra aussi être
un peu moins réservé sur le choix de
sa nourriture, qu'il ramènera insen-
siblement à son habitude ordinaire,
pourvu toutefois qu'il ne soit pas in-
tempérant, car alors la maladie serait retardée dans sa guérison qui
ne peut jamais être regardée complète,
tant qu'il existe un écoulement, quel-

que peu abondant et quelque blanc
et filant qu'il soit. Arrivé à cette
période, le malade remplacera sa tisane ordinaire par la suivante :

Racine de chicorée demi-poignée,

Racine de fraisier demi-poignée.

Faites-les bouillir dans une pinte
d'eau pendant un quart-d'heure, pour
en prendre trois ou quatre tasses dans
le courant de la journée : on la sucrera
convenablement, et les pilules seront
toujours continuées de deux jours
l'un. Si après l'usage pendant une
douzaine de jours de cette tisane,
l'écoulement n'a pas encore entière-

ment disparu, le malade fera, sans plus tarder, soir et matin, et deux ou trois fois dans la journée, des injections avec un peu de gros vin qu'il fera tiédir, après y avoir fait dissoudre un peu de miel, et les continuera pendant quatre à cinq jours. Si cette espèce d'injection n'était pas suffisante, le malade se purgera deux jours de suite avec une demi-once de sel de glauber, qu'il fera dissoudre chaque fois dans une tasse de petit lait ou dans une tasse de tisane ordinaire, mais il ne pourra déjeuner qu'une heure après l'avoir pris.

Si après les deux jours de purgation, il existe encore un petit suintement, ce qui n'arrive que très-rarement, c'est alors qu'une injection faite soir et matin, pendant encore deux autres jours, avec la dissolution suivante, ne manque jamais de l'arrêter entièrement :

Eau distillée, quatre onces.

Sel ammoniac, six grains.

Sublimé corrosif, six grains.
Pour s'en servir à froid.

Tel est le traitement que l'expérience a démontré le plus efficace pour la guérison de la blénoragie chez l'homme, lorsqu'elle est bénigne et et qu'elle suit le cours ordinaire que je viens de décrire. D'après ce, tout homme qui le voudra sérieusement sera à même de se guérir; et il le sera bien plus surement et à beaucoup moins de frais que s'il avait reclamé les conseils de ces hommes qui se disent, si gratuitement et si emphatiquement, experts dans le traitement d'une maladie qu'ils n'ont jamais étudiée, et qui pour la plupart traitent leurs malades, sans avoir égard à l'âge, au tempérament et au sexe de la malheureuse victime de leur charlatanisme.

Examinons maintenant les diffé-

rentes complications de la blénoragie vénérienne, afin de déterminer
celles que le malade peut guérir lui-
même sans les conseils d'un médecin,
et celles pour lesquelles il ne saurait
se livrer à ses propres connaissances
sans s'exposer aux mêmes dangers
qu'il encourrait infailliblement en
confiant sa santé à des charlatans : en
premier lieu, parce que le défaut de
savoir l'exposerait à s'égarer dans une
route si difficile à parcourir, et dans
laquelle les plus habiles médecins ont
besoin de toutes leurs lumières et de
toute leur expérience pour arriver au
but qu'ils se proposent ; et en second
lieu, parce que des charlatans dépour-

vus des unes et de l'autre, n'agissant qu'au hazard, administrent leurs remèdes comme tels, et guérissent de la même manière. Car s'il en était autrement, les infirmiers des hopitaux, qui sont continuellement avec les malades, et qui voient beaucoup de maladies, devraient être les meilleurs médecins. Cependant quel est celui qui voudrait confier sa santé à un infirmier ? Ne regarderait-on pas une pareille détermination comme un délire maniaque pour la guérison duquel le médecin, comme celui qui ne l'est pas, conseillerait également les Petites-Maisons ? Par quelle inconcevable fatalité des hommes et des femmes

affectés de syphilis souvent invétérée et compliquée par des accidens
les plus fâcheux, et dont les con-
séquences peuvent devenir si funestes, par les secours d'une impru-
dente témérité, confient-ils journellement leur santé à des hommes sans
honneur, sans foi, sans probité, et
plus que tout cela, sans savoir et
sans expérience !...

Il restera donc bien démontré par
ce que je viens de dire, que les signes d'une blénoragie simple seront
toujours faciles à reconnaître ; que
les moyens d'y rémédier sont à la
portée de tout le monde ; que l'on

pourra se les procurer à peu de frais,
et enfin que chacun reconnaissant
ses véritables intérêts, évitera les pié-
ges tendus à sa crédulité.

Différentes complications de la blé-noragie chez l'homme.

1o La blénoragie peut se compli-
quer avec des symptômes qui sont
dépendans de la blénoragie elle-même, ou de symptômes qui appartiennent à la syphilis proprement dite,
ou bien à une autre maladie.

Dans le premier cas, la blénoragie peut être compliquée du resser-

rement considérable du gland par le prépuce, lorsque celui-ci est étroit et ne découvre pas habituellement le gland : c'est ce qu'on appelle alors *phimosis* avec blénoragie. Cet état nécessite indispensablement les conseils d'un médecin ou d'un chirurgien. Dans le cas contraire, c'est-à-dire lorsque le prépuce se trouve retiré derrière le gland, et qu'il exerce à sa racine un resserrement considérable, avec impossibilité de la part du malade de le ramener sur le gland, ce qui constitue alors le *paraphimosis* avec écoulement, le malade ne doit pas non plus se confier à ses propres lumières, car il ne saurait trop tôt réclamer les secours de l'art, afin d'éviter les accidens fâcheux qui ne manqueraient pas de survenir, même très-promptement.

Si la blénoragie est accompagnée d'une difficulté considérable d'uriner, si l'érection très-douloureuse ne s'opère qu'en ramenant le corps de la verge vers les bourses, au lieu de l'en éloigner, et si le canal de l'urine formé une corde tendue, elle prend alors le nom de chaudepisse-cordée : mais cet accident, qui n'est que le résultat d'une forte irritation sur le canal qui se trouve dans un état d'inflammation, ne nécessite aucun autre soin particulier que celui de la blénoragie simple. Cependant le malade redoublera de précautions pour se garantir des accidens qui pourraient survenir ; il évitera de marcher, il aura soin de tremper sa verge, plusieurs fois dans la journée, dans une décoction tiède de racine de guimauve et de têtes de pavots ; il fera des fomentations tièdes sur toute la verge, il aura la précaution de toujours bien l'essuyer après avec un linge chaud et fin : quand même il serait d'une faible constitution, il évitera aussi de boire du vin et toute espèce de liqueurs et de café ; il gardera le repos le plus qu'il pourra ; il boira avec abondance de la tisane de chiendent et de réglisse ; il continuera de s'observer jusques après la cessation des plus fortes douleurs ; mais sitôt leur diminution, je lui conseille de prendre tous les matins une cuillerée à bouche de la préparation suivante, dans une tasse de lait tiède, et d'en continuer l'usage pendant quinze à vingt jours, sans discontinuer le traitement général de la blénoragie, jusqu'à ce que tous ces symptômes aient presque entièrement disparu, symptômes que l'on combattra par les moyens que j'ai indiqués à la fin du traitement de la blénoragie bénigne ; du reste, le malade devra les employer de la même manière afin d'en obtenir le même succès.

Préparation.

Eau distillée, 16 onces.

Muriate oxigéné de mercure 8 grains.

Si la blénoragie est compliquée, par suite d'imprudences du malade, du gonflement d'un ou des deux testicules (ce qui cependant n'arrive que que très-rarement), on appelle alors cet accident, soit que l'écoulement par la verge continue d'avoir lieu, ou qu'il soit entièrement supprimé, ce qui est le plus ordinaire, blénoragie tombée dans les bourses, ou gonflement vénérien du testicule. Cette complication de la maladie est très-douloureuse : le malade a presque toûjours la fièvre, il ne peut faire aucun mouvement sous souffrir beaucoup ; ses bourses, en un ou deux jours, ont acquis le quintuple de leur volume ordinaire, et souvent même davantage. La présence de son médecin est encore ici indispensable ; le malade ne peut presque ou point marcher, et son état exige les soins les plus prompts et les plus efficaces.

Si la blénoragie se trouve compliquée d'un gonflement au pli de la cuisse, appelé bubon inguinal, le malade devra redoubler ses précautions comme dans la blénoragie cordée, il observera le repos et appliquera sur la tumeur douloureuse un cataplasme fait avec la farine de graine de lin et une décoction de têtes de pavots; il aura soin de le renouveler toutes les quatre ou cinq heures; deux ou trois jours suffiront le plus souvent pour calmer la douleur et faire disparaître la grosseur ; mais dans tous les cas, quelle que soit la réussite de ces moyens, le malade peut toujours les employer sans crainte. Si après trois à

quatre jours révolus, la douleur exis-
tait encore sans changement dans le
volume de la tumeur, il ne doit pas
différer davantage de consulter son
médecin qui, après avoir examiné at-
tentivement la cause de la maladie,
ne manquera jamais d'indiquer les
remèdes le plus convenables.

Ici, se terminent les complications
de la blénoragie simple chez l'homme,
considérée avec les différens accidens
qui peuvent survenir pendant sa marche ordinaire, accidens qui ne sont, à
proprement parler, que des symptômes de la même affection. Voyons
maintenant ses différentes complica-

tions, soit avec la syphilis, soit avec d'autres maladies.

La complication de la blénoragie chez l'homme avec la syphilis se connaît par les signes suivans : outre les syptômes qui appartiennent exclusivement à la première, symptômes dont nous avons déjà parlé, on remarque ceux-ci : ulcères ou chancres sur la tête du gland, à sa base, sur la surface extérieure ou intérieure du prépuce, au frein ou filet du gland, sur la verge elle-même, etc. Lorsque du reste l'écoulement est benin, et que les syptômes de syphilis existent de la manière que je viens de les indiquer, le malade pourra toujours se soigner lui-même avec succès, en faisant coïncider le traitement prescrit pour la blénoragie avec celui que j'indiquerai pour la syphilis commençante, lorsque j'aurai fait le tableau de cette maladie.

La blénoragie, chez l'homme, peut encore être compliquée avec d'autres infirmités ou maladies qui ne sont pas de nature vénérienne; et pour la guérison desquelles le malade a besoin plus que jamais des soins éclairés d'un médecin instruit. Par exemple, lorsque par suite d'un coït impur, un homme dont le canal de l'urine est

très-étroit, soit par suite de plusieurs
blénoragies antérieures, soit par suite
d'engorgement à la glande du col de
la vessie, soit par toute autre cause ac-
cidentelle ou naturelle, il lui survient
une suppression d'urine, certainement ici la maladie la plus difficile à
guérir ne sera pas l'écoulement nouveau, dont les symptômes ne sont principalement à craindre que parce qu'ils
sont compliqués d'une affection anté-
rieure plus grave, pour laquelle le malade ne saurait trop tôt réclamer les
soins des plus habiles chirurgiens ou
médecins. Ce que je dis ici par rapport
au rétrécissement du canal de l'urètre,
trouvera encore dans un moment une

nouvelle application, lorsque je parlerai des écoulemens non vénériens. Mais avant d'en venir à ce sujet, qui constitue une partie des maladies des voies de l'appareil urinaire, maladies qui ne sont pas dans les bornes que je me suis prescrites, et dont l'énumération de quelques-unes ne trouvera place ici qu'afin de prévenir ceux qui me liront qu'il peut exister des écoulemens dépendans d'une autre cause que celle d'un coït impur, je m'en vais d'abord parler des métastases blénoragiques.

J'entends par métastase ce qu'il arrive, lorsque, pendant un écoulement plus ou moins abondant, à la suite d'imprudence de la part du malade, ou par toute autre cause, cet écoulement venant à se supprimer en totalité ou en partie, il survient une ophtalmie, ou inflammation des yeux, avec des douleurs plus ou moins fortes accompagnées d'une suppuration verdâtre tachant le linge de la même manière que l'écoulement *blénoragique.* Cette métastase peut encore avoir lieu par la mal-propreté du malade, qui, après avoir touché la partie infectée de virus, viendrait ensuite se frotter les yeux avec ses doigts avant de les avoir lavés.

Il est donc très-essentiel que tous ceux qui ont des écoulemens vénériens redoublent d'attentions de propreté, s'ils veulent éviter de porter ailleurs un écoulement, qui par sa nature et par le genre des organes affectés, pourrait résister pendant long-temps aux secours de l'art, et développer des accidens fâcheux.

Ajoutons encore à ce que je viens de dire sur les différentes complications de la blénoragie chez l'homme, cet état dans lequel la suppuration ou l'écoulement, au lieu de se faire par le canal de l'urine, n'a lieu que par la membrane interne du prépuce, ou

par la couronne du gland. Cette espèce d'écoulement que quelques médecins ont appelé avec juste raison
blénoragie bâtarde, est très-rare, et
ordinairement de peu de durée ; cependant on en a vu quelques-uns qui
ont résisté, même assez long-temps,
aux remèdes généraux, et pour la guérison desquels on a été obligé d'employer un traitement mercuriel.

Mais on doit aussi convenir que
cette maladie n'est le plus souvent que
le résultat de la mal-propreté, chez
les hommes dont le prépuce, fortement resserré sur le gland, ne le découvre que difficilement, parce que

alors il se forme, entre le gland et le prépuce, un amas de matières âcres, qui en déterminant une vive irritation sur ces parties, doit nécessairement en augmenter la sécrétion, et par conséquent déterminer un écoulement puriforme qui tache le linge en jaune verdâtre, comme dans la blénoragie par contact vénérien.

Lorsque le malade qui éprouve un écoulement de cette nature n'a communiqué avec aucune femme, la propreté, quelques bains généraux, quelques injections avec une décoction de guimauve et de têtes de pavots entre le prépuce et le gland, et continuées pendant quelques jours, suffiront

pour faire disparaître tous les symptômes.

Quelquefois aussi, chez les personnes affectées de phimosis, la présence des chancres, soit sur la face
interne du prépuce, soit sur le gland
lui-même, détermine une suppuration
dont nous aurons occasion de parler lorsque nous traiterons de la syphilis.

Si l'écoulement entre le prépuce
et le gland est de nature blénoragique, ce que l'on a lieu de penser lorsqu'il ne cède pas dans trois ou quatre
jours aux moyens déjà indiqués, le

malade se mettra à l'usage de la tisane de chiendent et de réglisse pendant une quinzaine de jours, et suivra en tout le régime prescrit pour
la blénoragie du canal urinaire (1).

De la blénoragie chez la femme.
Des moyens de la reconnaître
et de la guérir.

La blénoragie chez la femme a son
siége dans le vagin, et particulière-

---

(1) Tous les écoulemens qui ne surviennent pas après un contact' vénérien, pou-
vant tenir à des causes toutes différentes ,
doivent être confiés aux soins du médecin.

ment dans la membrane qui avoisine son orifice et recouvre les petites lèvres, le clitoris et le méat urinaire; elle se déclare ordinairement de deux à huit jours, après une cohabitation avec un homme infecté. Elle commence par une démangeaison plus ou moins forte à la face interne des grandes lèvres, qui se propage bientôt vers la commissure des petites lèvres et au clitoris; dès le deuxième ou troisième jour de l'apparition de ces symptômes, la démangeaison cesse, elle est remplacée par une douleur plus ou moins vive qui se trouve encore augmentée par le passage de l'urine. Dès-lors, ces parties plus enflammées et d'un rouge plus foncé, commencent à fournir une suppuration limpide d'un jaune verdâtre qui tache le linge de cette couleur. Les symptômes augmentent bientôt d'intensité; dans deux ou trois jours de plus, l'émission de l'urine est encore plus douloureuse; les grandes et les petites lèvres, le clitoris et le méat urinaire, sont souvent très-enflammés, la malade ne peut s'asseoir sans éprouver une pesanteur douloureuse; l'écoulement devient encore plus abondant, le linge est plus fortement taché en vert : cet état dure plus ou moins long-temps, et pourrait continuer bien davantage, si l'art ne venait promptement combattre une maladie qui , moins douloureuse chez la femme que chez l'homme, ne laisserait pas que de devenir très-fâcheuse.

Telle est la marche ordinaire de la blénoragie contagieuse ou vénérienne chez la femme ; voyons maintenant les moyens à employer pour arriver à sa guérison. Comme ils sont absolument les mêmes que pour l'homme, je renvoie au traitement déjà indiqué, toutefois avec cette précaution, que la femme, lorsque les symptômes inflammatoires auront presque cessé, devra faire usage pendant au moins quinze jours de la solution mercurielle suivante, à prendre une cuillerée à bouche dans une tasse de lait tiède en hiver, ou même dans un verre d'eau sucrée, ou bien édulcorée avec le sirop de guimauve.

Muriate oxigéné de mercure, six grains ; faites dissoudre dans une livre d'eau distillée, à prendre une cuillerée à bouche tous les matins, de la manière sus indiquée.

J'observerai en outre que, lorsque l'écoulement sera devenu moins abondant, plus visqueux et d'une couleur blanche, et que la douleur ou cuisson en urinant aura entièrement disparu, la malade devra faire alors,

trois fois par jour les injections sui-
vantes, qui contribueront autant à
accélérer sa guérison, qu'elles l'éloi-
gneraient si elles étaient faites pendant la période inflammatoire ou
d'irritation.

Faites infuser une forte pincée
d'anis étoilés dans une demi-pinte
d'eau bouillante ; ajoutez-y ensuite
vin rouge de Roussillon un verre,
pour s'en servir de la manière pres-
crite.

Si dans le commencement de la
maladie, l'inflammation est très-con-
sidérable, quelques bains à une douce
température, des injections avec la

décoction de guimauve et de têtes de pavots , renouvelées plusieurs fois pendant la journée , et toujours à une douce chaleur , calmeront très-promptement tous ces accidens fâcheux ; et la malade moins souffrante attendra avec plus de patience le terme de sa guérison.

La complication de la blénoragie chez la femme , avec un gonflement à l'aine appelé bubon , cédera au repos , à l'application de cataplasmes émolliens sur la partie souffrante , et renouvelés trois fois par jour sans discontinuer le traitement convenable. Si malgré ces précautions , la tumeur, loin de diminuer, augmentait encore, il faudrait nécessairement avoir recours à un médecin, qui, en dirigeant le traitement selon les circonstances, éviterait à la malade les dangers que cette complication pourrait lui faire courir.

Si la blénoragie se trouve compliquée avec un abcès, soit dans le vagin, soit à l'une des grandes ou petites lèvres, ce qui se reconnaîtra facilement par la douleur locale qui l'aura précédée, par le sentiment de pesanteur et le gonflement circonscrit dont la malade s'apercevra, la présence d'un chirurgien devient de toute nécessité, soit pour en faire l'ouverture s'il la juge nécessaire, soit pour indiquer les remèdes pour la résoudre, remèdes qui sont toujours subordonnés aux circonstances.

L'écoulement est-il accompagné de chancres, de poireaux, etc., s'il n'est pas très-abondant, et que la malade ne souffre pas par trop, elle suivra le régime et le traitement pour la blénoragie ordinaire, qu'elle fera coïncider avec celui que nous indiquerons pour la syphilis commençante, lorsque nous parlerons de cette maladie.

Il ne faut pas confondre la maladie

que nous venons de décrire avec cet écoulement blanchâtre qui est presque toujours le résultat de la défloraison chez les jeunes filles, et dont les symptômes pourraient en imposer par leur similitude avec ceux de la blénoragie, avec cette différence cependant, que non-seulement l'écoulement est moins abondant, moins verdâtre, et qu'il cesse, ainsi que les douleurs, au bout de quelques jours.

Les mêmes accidens peuvent aussi survenir lorsqu'une femme trop voluptueuse s'est fatiguée avec un homme dont les organes disproportionnés avec les siens, lui ont fait éprouver une espèce de seconde défloraison ; mais je le répète, ces accidens sont de peu de durée, et par conséquent très-faciles à distinguer d'avec ceux de la blénoragie vénérienne. Il en est de même de la cuisson et de la douleur en urinant qu'éprouvent assez souvent l'un et l'autre sexe, après avoir pris des boissons diurétiques avec trop d'abondance.

Les fleurs blanches chez les femmes pourraient en imposer quelquefois pour un écoulement vénérien, par rapport à l'abondance et à la couleur de l'écoulement ; mais on ne pourra jamais s'y tromper, pour peu que l'on fasse attention à la marche ordinaire de la blénoragie. Dans les fleurs blanches, la malade n'éprouve ni cuisson ni douleur en urinant, lorsqu'elles commencent à paraître, ce qui est cependant un signe qui caractérise l'écoulement blénoragique chez les femmes.

Je termine ici ce que j'avais à dire sur la blénoragie en général, et en particulier, chez l'homme et chez la femme ; je crois avoir mis le lecteur, selon le but que je m'étais proposé, dans la possibilité de reconnaître cette maladie lorsquelle est simple et commençante : je crois aussi lui

avoir donné les connaissances nécessaires pour se guérir lui-même et à
peu de frais, ce qui lui sera toujours
infiniment plus utile que de com-
promettre sa santé en prenant les
drogues fort chères, et souvent per-
nicieuses, que le charlatanisme débite
si impunément, en vendant *gratis*
ses conseils.

Enfin dans toutes les circonstances
que j'ai désignées, et qu'il sera toujours facile de reconnaître, lorsque
je conseille au malade de confier sa
santé à un médecin instruit, outre
la discrétion et la guérison qu'il est
sûr d'obtenir, il est encore très-facile

de lui prouver qu'il lui en coûtera
beaucoup moins.

En effet, pendant le cours d'une
maladie de cinquante jours, deux
mois même de durée, supposons
que le malade ait besoin de voir son
médecin tous les quatre à cinq jours,
supposons encore que le médecin réclame cinq francs chaque fois, pour
ses honoraires, à la fin de la guérison
il ne lui en aura pas coûté au-delà de
soixante francs. Observez aussi que je
parle des maladies les plus longues et
des personnes qui sont à même de
payer les honoraires d'un médecin ;
car pour celles qui vont chèrement

payer des remèdes pour avoir des conseils *gratis*, je puis leur assurer au nom de tous mes confrères, qu'une pareille cause ne les empêchera jamais d'obtenir tous les conseils que leur position réclame, et même les médicamens nécessaires à leur guérison si elles ne pouvaient se les procurer.

De la Syphilis, ou maladie vénérienne.

La *syphilis* est un des plus grands maux de l'espèce humaine : négligée, elle détruit les solides qu'elle dévore, et porte la mort dans les liquides qu'elle dénature en les viciant; mal soignée elle semble disparaître un moment, et ne donner de l'espoir au malade, qu'afin de reparaître ensuite accompagnée de la torche dévorante de la douleur, des infirmités, des er- rosions et excroissances de toute es- pèce, pour se terminer ensuite par une mort affreuse, que des remèdes sagement administrés pouvaient seuls prévenir. Mais autant cette maladie, lorsqu'elle est ancienne ou mal soi- gnée, est difficile à guérir, autant elle cède facilement aux moyens simples employés dès les premiers momens de son apparition, s'ils sont secondés du régime que nous indiquerons , selon les âges , les sexes et les tempéramens.

Et d'abord , je vais m'attacher particulièrement à bien faire connaître les symptômes de cette maladie, dans l'un et l'autre sexe, afin de mettre le lecteur en garde contre quelques indispositions passagères qui pourraient lui donner des inquiétudes mal fondées , et l'exposer à s'administrer un remède que ne réclamerait pas sa santé ; j'indiquerai ensuite avec la même scrupuleuse attention toutes les circonstances dans lesquelles cette maladie , compliquée de symptômes trop formidables, ou trop anciens , réclame impérieusement les conseils du médecin.

Quelques médecins ont pensé que les symptômes vénériens dont nous parlerons bientôt, étaient différens de ce qu'ils appellent la vérole confirmée ; mais si l'on fait attention que les symptômes vénériens les plus légers en apparence, s'ils sont négligés, amènent toujours à ce qu'ils appellent la vérole confirmée, on cessera de faire une fausse démarcation, et l'on conviendra avec moi que le moindre symptôme vénérien n'en est pas moins la vérole, quoiqu'il cède facilement aux moyens employés pour le combattre ; et c'est particu-lièrement contre ces symptômes ou la syphilis commençante, que je vais indiquer les remèdes approuvés par l'expérience , toutefois cependant , après avoir mis le lecteur dans la pos-sibilité de les administrer avec con-naissance de cause.

Des Chancres ou Ulcères véné-riens.

De tous les différens symptômes par lesquels s'annonce la syphilis , il n'y en a pas de plus commun que les chancres vénériens qui surviennent plus ou moins de temps après un coït impur, et affectent particulière- ment le prépuce et la couronne du gland chez les hommes, le clitoris, l'intérieur des grandes et petites lè- vres, et les caroncules myrtiformes, chez la femme.

Ils s'annoncent d'abord sous la forme de petits boutons rouges, durs et cuisans ; bientôt ils viennent à suppurer, et forment des ulcères ron- geans dont les bords un peu élevés laissent apercevoir un fond de couleur blanche-grisâtre couenneuse, et lé- gèrement déprimé, ce qui est un signe caractéristique de la nature de ces ulcères. Souvent les chancres sont sans douleur ; mais quand ils s'enflamment, leurs bords deviennent rouges et même livides, le malade y ressent alors beaucoup de douleur. Dans ce cas, les matières qui en découlent sont fort âcres, d'une couleur sanieuse et d'une odeur fétide.

Du Bubon vénérien.

Le bubon vénérien à l'aine survient quelquefois pendant un écoulement de blénoragie, d'autres fois il est le résultat d'un coït impur non suivi d'écoulement. Mais le plus ordinairement il se manifeste quelque temps

après l'apparition de chancres vénériens, surtout lorsque ces derniers
sont très-douloureux.

Quoi qu'il en soit, le bubon est
toujours annoncé par une petite douleur dans l'une ou dans les deux aines,
et en examinant ces parties, on y
trouve ordinairement une ou plusieurs petites glandes gonflées, sans
changement de couleur à la peau ; ces
tumeurs, fort dures et douloureuses,
grossissent plus ou moins promptement, et acquièrent en peu de jours le
volume d'un œuf de poule et même au-
delà. Les malades éprouvent pendant
son développement plus ou moins de

douleur, et une difficulté de marcher toujours proportionnée au volume de la tumeur et à la douleur qu'elle fait éprouver.

Quelquefois aussi l'augmentation du volume du bubon se fait très-promptement; d'autres fois au contraire sa marche est beaucoup plus lente et moins inflammatoire.

Du Phimosis vénérien.

Outre que le phimosis peut survenir à la suite d'un écoulement vénérien, comme nous en avons déjà parlé plus haut, j'observerai ici qu'il est encore plus souvent occasionné par des chancres au-dessous du prépuce ou à la couronne du gland, chez les hommes qui le découvrent difficilement. Quelquefois aussi il est la suite d'un tubercule rond ou oblong, affectant l'extrémité du prépuce qui est alors si resserré sur le gland et sur l'orifice de l'urètre, que l'écoulement de la suppuration des chancres et même celui des urines en sont interceptés.

Je n'ai pas besoin d'indiquer la raison pour laquelle les femmes sont exemptes de ce symptôme vénérien ainsi que du suivant.

Du Paraphimosis.

Dans le paraphimosis le prépuce se trouve retiré sur la couronne du gland qui étant comme étranglé, se tuméfie et s'enflamme, de sorte que le malade ne peut le ramener sur le gland , par rapport à l'état de tuméfaction dans lequel ils se trouvent l'un et l'autre.

Des Cristallines.

Les cristallines sont des ampoules plus ou moins transparentes, blanches et remplies d'une sérosité roussâtre; elles se forment souvent au bout du prépuce dans le phimosis, et elles affectent le gland dans le paraphimosis. Cet accident arrive aussi aux femmes qui ont plusieurs chancres, et il est alors accompagné d'un gonflement très-douloureux dans les parties naturelles.

Des Poireaux.

Les poireaux vénériens sont de petites tumeurs d'une figure analogue à celles de la poire, dont les queues ou racines sont fort déliées et affectent ordinairement les organes de la génération : ils sont, comme toutes les autres végétations de cette nature, presque toujours des symptômes d'une syphilis ancienne.

Des Verrues vénériennes.

Les verrues ne diffèrent des poireaux que parce qu'elles ont la base large : elles sont semblables aux verrues ordinaires. On les appelle condylomes lorsqu'elles sont tout-à-fait plates.

Des Choux-fleurs.

Les choux-fleurs ne diffèrent des verrues que par rapport à leur végétation qui est encore plus remplie de sinuosités.

Des Crètes de coq.

On donne le nom de crètes de coq à ces excroissances de chair qui surviennent ordinairement aux organes de la génération de l'un et de l'autre sexe, dont la forme, par sa dentelure et son implantation, ressemble assez à l'objet qui sert de comparaison.

Des Excroissances vénériennes à l'anus.

Si le virus vénérien s'insinue dans les replis et dans les lacunes du sphincter de l'anus, souvent alors il

se forme aux environs du fonde-
ment des excroissances indolentes,
qui ne changent point à la vérité la
couleur de la peau, et qu'on appelle ordinairement du nom de leur
configuration, crètes, mures, figues,
etc., etc.; d'autres fois si le virus
entame tout le contour de l'anus et y
forme des crevasses, on les appelle
rhagades; les unes sont molles et sujettes à s'abcéder et à devenir fistuleu-
ses, tandis que celles qui sont dures
dégénèrent en carcinomes, si on les
irrite par les caustiques ou par tout
autre moyen actif.

Les excroissances vénériennes à

la surface du corps, et les taches vénériennes, comme symptômes d'une
maladie ancienne et souvent mal soignée, doivent naturellement être ren-
voyées à l'article dans lequel je ferai
la description de la syphilis invétérée, et où je démontrerai alors tous
les accidens auxquels elle peut donner lieu; mais avant d'en venir à ce
point, je dois indiquer les remèdes à
employer pour la guérison des différens symptômes vénériens que je
viens de décrire.

Il est généralement reconnu par
tous les praticiens instruits, que le
symptôme vénérien de la plus petite

apparence peut donner lieu, s'il est négligé, aux accidens les plus fâcheux et les plus funestes : il est de même généralement convenu par tous les médecins que le plus léger symptôme vénérien est un signe de syphilis par la raison qu'il ne peut exister dans la nature d'effet sans cause. Mais aussi cette maladie peut être plus ou moins ancienne, et avoir produit plus ou moins de ravages qu'il sera plus ou moins difficile de combattre. Il est donc vrai de dire qu'une infection vérolique, par suite de coït impur, n'ayant produit que des symptômes primitifs tels que ceux dont nous venons de parler, toutes choses égales d'ailleurs , cédera plus promptement aux moyens curatifs, dont l'action n'aura pas besoin d'être aussi prolongée que dans le traitement des symptômes consécutifs, résultat d'une ancienne infection. Cependant, comme dans l'une et l'autre circonstance le principe de la maladie est toujours le même, les mêmes remèdes doivent également convenir, sauf toutefois les modifications que réclament l'ancienneté, les ravages de la maladie, les différens âges et les différens sexes affectés.

Je crois donc avoir détruit, par le simple raisonnement, la mauvaise division que certains auteurs donnent des symptômes vénériens et de la vérole proprement dite. Et en effet une maladie ne se fait connaître que par ses symptômes. Et parce que tels signes annoncent que la maladie est nouvelle, et que tel autre annonce au contraire qu'elle est ancienne, est-ce une raison de faire, d'une même maladie dont on divise les périodes, deux espèces différentes ? je ne le pense pas, puisque le même traitement, modifié selon les circonstances comme je l'ai dit plus haut, convient également, et puisque du reste ils proviennent de la même source et de la même cause.

Quelques médecins , d'ailleurs très-savans et très-instruits , pensent que l'on peut sans crainte cautériser les premiers symptômes vénériens qui se déclarent après une cohabitation impure ; parce qu'ils regardent alors la maladie comme locale , et qu'ils la croient dénaturée et anéantie par une application de ce genre ; mais lorsque l'on réfléchit au peu de succès de pareils moyens , qui souvent sont suivis d'accidens encore plus fâcheux que ceux déjà survenus (ce que l'observation et la pratique démontrent journellement) , ne doit-on pas rejeter des armes qui n'ont réussi peut-être quelquefois que parce que le chancre cautérisé n'était pas vénérien : et dans la supposition qu'il le fût réellement, le peu d'exemples de guérisons pourraient-ils en balancer les inconvéniens? Je ne le pense pas. C'est pour cette raison que dans toutes les circonstances je conseille d'avoir recours le plus promptement possible aux moyens que l'expérience a démontrés les plus efficaces, parce qu'ils sont encore les plus prompts et les plus sûrs.

Lors donc qu'un ou plusieurs chancres surviennent aux organes de la génération de l'un ou de l'autre sexe, après un coït impur, lorsqu'il n'y a pas trop d'inflammation, on pansera les chancres avec de la charpie un peu imbibée de cérat; ou renouvellera ce pansement deux fois dans les vingt-quatre heures; mais s'il y avait beaucoup d'inflammation, le malade se baignera plusieurs fois le jour la verge dans une décoction tiède de guimauve, la femme pourra faire des fomentations avec un linge fin et la même décoction, et les réitérer aussi plusieurs fois dans la journée. Le plutôt possible, le malade se soumettra à un traitement interne anti-vénérien, car plus tôt il le commencera, plus tôt il sera guéri.

Dès le premier jour il avalera, le soir en se couchant, trois pilules de Béloste. Le lendemain matin il prendra dans une tasse de lait ou dans un verre d'eau sucrée une cuillerée à bouche de la dissolution mercurielle suivante, qu'il continuera tous les matins jusqu'à la fin de la bouteille, et se purgera tous les trois à quatre jours avec deux ou trois des pilules sus-indiquées, selon que les premières lui auront produit plus ou moins d'effet. Pendant la journée il boira une ou deux tasses de la tisane également indiquée ci-après. Tous les six jours il prendra un bain domestique; et malgré la disparition des chancres, il suivra son traitement en entier, et le terminera en prenant le purgatif ci-après indiqué.

Deux gros et demi de pilules de Beloste doivent suffire pour tout le traitement.

Pour la dissolution mercurielle, prenez quinze grains de muriate oxigéné de mercure, pour les faire dissoudre dans une pinte d'eau distillée.

Pour la tisane ordinaire, prenez:

Racine de chicorée, une petite poignée.

Racine de bardane, deux gros.

Saponaire, une petite poignée.

Réglisse, deux gros.

Faire bouillir pendant un quart-d'heure dans une pinte et demie d'eau de rivière, pour en prendre chaque jour la quantité indiquée.

Purgatif après le traitement.

Prenez : follicules de séné, deux gros.

Faites-les infuser dans un verre d'eau bouillante.

Mettez : manne, deux onces.

Coulez et ajoutez : Rhubarbe en poudre, demi-gros.

Sulfate de soude, deux gros.

A prendre en une fois, le matin à jeun ; et après chaque évacuation,

boire une tasse de bouillon aux herbes ou de bouillon de veau.

Pour les enfans et pour les personnes faibles et délicates, on retranchera
un gros de séné et le demi-gros de
rhubarbe que l'on remplacera par
une once de sirop de violettes.

Pendant tout le temps nécessaire
à sa guérison, le malade aura soin
de mener un régime de vie convenable ; il évitera le café, les liqueurs,
les épices et les ragoûts, et sur-tout
s'abstiendra de communiquer avec
l'autre sexe. Il se tiendra chaudement
pendant l'hiver, etc.

Si outre les chancres dont nous venons de parler, il y a encore complication de bubon à l'aine, non-seulement il faut se hâter d'administrer les remèdes intérieurs que je viens de prescrire, mais il est encore indispensable de couvrir, dès le commencement, la partie douloureuse avec un emplâtre de *Vigo cum mercurio*, de la grandeur au moins de la paume de la main, après en avoir rasé les poils, et que l'on laissera à demeure jusqu'après la cessation de la douleur et la disparition de la tumeur. Si, malgré cette précaution et avant même qu'on puisse l'employer, le

bubon a déjà acquis un volume considérable, et si la douleur qu'il fait
éprouver est très-forte, le repos le
plus absolu, des cataplasmes émolliens faits avec une décoction de guimauve et la farine de graine de lin,
et renouvelés trois ou quatre fois
dans la journée, toujours à une douce
température, calmeront souvent les
accidens inflammatoires, et rendront
la tumeur moins douloureuse. Si au
bout de quelques jours de l'usage de
ces moyens, le malade se trouve
beaucoup soulagé, on remplacera
les émolliens par les cataplasmes
résolutifs suivans : oignons de lis,
trois ou quatre, que l'on fera

cuire sous de la cendre chaude , et
que l'on écrasera bien ensuite pour
les faire entrer dans un cataplasme
d'eau ordinaire et de farine de graine
de lin. On aura soin de renouveler
ces cataplasmes soir et matin jusqu'à
parfaite guérison du symptôme local.
Si enfin, malgré ces soins, la suppuration se manifeste, ce qui se reconnaît par l'augmentation des symptômes et la fluctuation, il est alors
important au malade de se livrer aux
soins d'un médecin.

Si concurremment avec les chancres ou sans eux, il existe des poireaux, verrues, choux-fleurs, etc.,

même traitement général à employer, mêmes précautions à observer, avec cette modification cependant, que si les poireaux, verrues, etc., ne sont que d'un très-petit volume, et qu'après un mois de traitement, s'ils n'ont pas entièrement disparu, le malade les touchera alors tous les jours légèrement avec la pierre infernale, ou mettra dessus un peu de poudre de sabine ou d'alun calciné, jusqu'à leur parfaite guérison ; mais pour ceux qui sont trop volumineux et qui ne pourraient pas céder à ces moyens, il est nécessaire que le malade vienne encore réclamer les conseils et les soins d'un chirurgien instruit ou d'un médecin qui en fera l'excision si elle est nécessaire.

Dans le phimosis, le paraphimosis et dans la cristalline, dont nous avons donné plus haut la description, le malade ne doit pas non plus se confier à ses propres lumières, pour combattre des accidens qui pourraient devenir promptement fâcheux, et qu'on ne saurait trop tôt arrêter.

Lorsque des chancres, ou quelque autre symptôme vénérien, sont accompagnés de blénoragie, s'il n'y a pas beaucoup de douleur, et si les progrès inflammatoires ne sont pas très-actifs, le malade pourra également se guérir lui-même des uns et de l'autre, en faisant coïncider les deux traitemens prescrits; en prenant par exemple, la préparation mercurielle le matin, et dans la journée, en buvant abondamment de la tisane indiquée pour la blénoragie. En un mot, il devra suivre exactement ce que j'ai prescrit pour l'un et l'autre cas, je n'ai pas besoin non plus d'observer que cette double ou triple complication est souvent suivie des accidens les plus graves, et que dans ces circonstances, outre qu'il est très-difficile de bien juger soi-même de l'état de sa santé, je crois devoir avertir le malade que les conseils d'un médecin peuvent seuls le conduire à sa guérison.

Tout ce que nous venons de dire jusqu'à présent se rapporte entièrement à la syphilis commençante. Nous avons aussi démontré qu'elle cède plus promptement et plus facilement aux remèdes conseillés pour la combattre, lorsqu'on les administre de bonne heure.

Examinons maintenant les phénomènes de la syphilis invétérée dont les ravages, répandus sur presque tous les organes, ont plus ou moins altéré les solides et vicié les liquides.

De la syphilis invétérée, dans l'un et l'autre sexe.

La syphilis est ancienne ou invétérée lorsqu'elle a plusieurs mois et plusieurs années d'existence, ce qu'il sera toujours facile de reconnaître quand les accidens ou symptômes vénériens dont nous avons parlé, ont constamment existé depuis leur apparition, ou qu'après la cessation de ces accidens, les malades éprouvent de nouveau quelques-uns des symptômes ci-après. Mais on aura aussi lieu d'en suspecter l'existence toutes les fois que des malades pré-

cédemment affectés de symptômes
vénériens les auront négligés dans
leur commencement, et lorsqu'ils
auront été guéris à la hâte, ou trai-
tés par des remèdes externes réper-
cussifs, tels que la cautérisation des
chancres, etc. On peut encore être
certain de la présence de ce virus
dans les humeurs, quand, après avoir
été guéri en apparence de ces accidens, le convalescent, sans s'être
exposé à une rechute, voit reparaître
des chancres, des bubons, des poireaux, etc., comme aussi lorsque
ces symptômes se manifestent long-
temps après un commerce impur.

Quant aux véritables symptômes de la syphilis invétérée, ils varient si fort par leur nombre et leur nature, et d'ailleurs ils sont si équivoques chez les personnes dont l'infection et la parfaite guérison sont douteuses, que les médecins les plus habiles et les plus expérimentés dans le diagnostic de cette maladie se font souvent scrupule d'en décider. Tant il est vrai de dire qu'aucune autre maladie ne demande plus de justesse dans la décision, plus de précautions dans les remèdes conseillés, et plus de savoir enfin de la part du médecin.

Outre les symptômes de la syphilis

commençante, symptômes qui appartiennent aussi à la vérole invétérée, nous pouvons encore y ajouter
les suivans comme lui étant par-
ticuliers, et comme signes certains
de son ancienneté.

Ces signes se manifestent ordinairement par des taches d'un jaune
cuivreux et plus ou moins brunes,
sans élévation à la peau, et que l'on
trouve soit à la poitrine, soit entre
les épaules; par des excroissances
sur toutes les parties du corps, de
la forme de petites pommes de terre,
dont j'ai concentré trois exemples
dans ma pratique; plus particulière-

ment encore par une gale sèche, dont les croûtes sont jaunes, et sous lesquelles on remarque de petits tubercules ronds et durs. Ces pustules affectent principalement la commissure des lèvres, la poitrine, le nez, le front, les tempes, le derrière des oreilles, et la partie chevelue de la tête. Les personnes infectées sont encore sujettes à des maux de tête presque permanens, à des douleurs profondes dans les bras et dans les jambes, douleurs qui se renouvellent et redoublent lorsque le corps est échauffé par la chaleur du lit. Certains malades éprouvent un mal de gorge continu qui rend la déglution plus ou moins difficile, et quand on examine leur gorge on trouve la luette, les glandes amygdales ou le voile du palais, affectés d'ulcères recouverts d'une matière jaunâtre et épaisse. A mesure que la vérole fait des progrès, ces ulcères se multiplient, les os du palais, du nez, et même les dents sont ébranlées dans leurs alvéoles et tombent, les gencives sont remplies d'ulcères, et quand le virus pénètre dans les os, les malades éprouvent pendant la nuit des douleurs vives et inquiétantes, particulièrement dans les os des bras et des jambes, dont les extrémités se tuméfient quelquefois, au point que les mouvemens des articulations ne se font plus, ou sont fort gênés. Le crâne, dont les os sont les plus extérieurs, et par conséquent le moins recouverts de parties molles, est affecté d'exostoses qui sont des tumeurs dures et saillantes : les glandes du col, des aisselles s'obstruent et s'ulcèrent ensuite, les malades sont aussi sujets à des ophtalmies et autres indispositions que les remèdes ordinaires ne guérissent point.

La syphilis ancienne et invétérée est un mal qui, en altérant toutes les fonctions animales, attaque le principe de la vie et produit une infinité de symptômes les plus fâcheux. Les personnes infectées sont sujettes aux affections paralytiques, spasmodiques, hypocondriaques; elle conduit à l'étisie et à la pulmonie; elle expose le malade à prendre tous les maux auxquels il était disposé avant que l'infection l'eût atteint.

Si les symptômes que je viens d'énoncer, plus ou moins réunis, font preuve de la vérole chez les personnes dont l'infection est avérée, ces accidens isolés, sans autre certitude d'infection, rendent en échange l'existence de la vérole fort douteuse, et il n'y a que la réunion de plusieurs

d'entre eux qui puisse rendre l'infection plus ou moins probable. On
peut cependant conclure pour l'af-
firmative, lorsque, après avoir mis
en usage et sans effet les remèdes
pour combattre ces accidens, ils ont
sensiblement diminué par l'emploi
des moyens administrés contre la syphilis. Une autre preuve également
triste et concluante pour constater la
syphilis chez les pères et mères, sont
des avortons couverts de pustules et
d'ulcères, des enfans mal consti-
tués, languissans dès qu'ils voient le
jour, ou qui, après avoir paru sains
deviennent scrophuleux, et prennent
des maladies cutanées qui prouvent

le vice des humeurs qu'ils ont ap-
porté en venant au monde. Au reste,
le degré de la syphilis se reconnaît
par le nombre des symptômes qui se
rencontrent à-la-fois.

Quand le virus n'a pas encore at-
taqué les os, et que les accidens dans
les parties molles sont en petit nombre ou peu considérables, le malade pourra espérer une guérison
plus prompte; mais il doit bien prendre garde de se faire diriger dans le
traitement, afin de mettre sa santé
à l'abri de toute rechute, seul moyen
d'éviter les accidens sans nombre
dont les résultats sont souvent aussi

pernicieux, après un traitement mal dirigé, que les symptômes les plus formidables de syphilis.

Lorsque, par suite de baisers impurs il survient à la bouche ou à la langue des ulcères vénériens, ce que l'on reconnaîtra toujours facilement par la description que j'en ai faite en parlant des ulcères vénériens des organes de la génération, le malade suivra le traitement que j'ai prescrit contre la syphilis commençante, et il sera sûr de se guérir radicalement, s'il suit la règle que je lui conseille.

Quand aux affections vénériennes

des enfans nouveaux-nés, et même des enfans de quelques années, un médecin pourra seul modifier le traitement qui convient à cet âge.

Je termine ici ce que j'avais à dire sur un sujet d'une aussi haute importance, bien convaincu que si le lecteur est jaloux de rétablir sa santé, altérée dans ses principes par un vice aussi destructeur que le vice vénérien, il réfléchira mûrement à ce que je viens d'écrire, et prévenu comme il doit l'être contre les pièges trompeurs que le charlatanisme tend à sa bonne foi et à sa crédulité, il suivra les impulsions de sa raison et sa santé ne sera pas compromise.

Mais avant de clore cet opuscule, je crois qu'il ne sera pas inutile de dire un mot sur les propriétés anti-vénériennes d'un sirop dépuratif anti-dartreux , dont j'ai déposé depuis long-temps la formule chez M. Poisson pharmacien, rue du Roule n° 11.

Bien que ce médicament dont j'ai constaté depuis plus de dix ans par de nombreux succès , les bons et les heureux effets dans un très-grand nombre de cas d'affection vénérienne dégénérée et compliquée de dartres, ne soit pas un secret, je croirais cependant négliger un point essentiel, si je ne rappellais ici que le véritable sirop dépuratif anti-dartreux qui porte mon nom, a l'avantage de réunir toutes les propriétés des autres sirops dépuratifs à des vertus qui lui sont propres, et que j'ai constatées par l'expérience, telles que de calmer en peu de temps les douleurs ostéocopes et de combattre la siphylis jusque dans ses derniers retranchemens, sous quelque forme qu'elle se présente, compliquée ou non avec les dartres et le scrophule.

L'on conçoit donc qu'un médicament dans lequel réside des propriétés si éminemment utiles, mérite bien de trouver une place dans le tableau de la maladie contre laquelle il a le plus d'action. Mais il suffira de dire ici que ce sirop pris soir et matin, comme j'ai l'habitude de le conseiller, à la dose d'une cuillerée à bouche dans un verre d'eau, et continué pendant deux à trois mois plus ou moins, selon la gravité du cas, guérit presque complètement la siphylis dégénérée, sans qu'il soit besoin d'avoir recours à d'autres moyens.

En voici ma formule :

Gayac rapé,

Salsepareille,

Raifort sauvage,

Écorce de quinquina rouge,

De chaque, une once.

Cresson et cocléharia, une poignée de chaque. On fait bouillir le tout pendant vingt à trente minutes, dans une suffisante quantité d'eau pour obtenir une pinte de sirop, en y ajoutant le sucre nécessaire.

Après que ce sirop a été préparé selon l'art et lorsqu'il est froid, on y fait dissoudre :

Extrait gommeux d'opium cinq grains,

Muriatre oxigéné de mercure huit grains.

Ajoutez-y ensuite :

Ether sulfurique, vingt gouttes.

FIN.

TABLE

DES MATIÈRES.

Fin de la Table.

Imprimerie de Nicolas-Vaucluse.

www.ingramcontent.com/pod-product-compliance
Ingram Content Group UK Ltd.
Pitfield, Milton Keynes, MK11 3LW, UK
UKHW022046070726
13613UKWH00002B/704